JN124607

# ライダーのための
# 基本の乗車姿勢
# 7つのポイント

竹原　伸

東京図書出版

# はじめに ── わたしも元訓練生

　先輩は「わきが甘い」とか「膝が甘い」とか、いろいろ細々と教えてくれた。

　なぜそのように丁寧に教えてくれるのかを考えてきた。

「先輩達は心底コイツらに死んで欲しくないと思っている」

「早く自由自在に操れるようになってもらいたいと思っている」

「きちんとした大人になってもらいたいと思っている」

「悪い奴に負けない肝をもってもらいたいと思っている」

　という、今思えば親心に満ちたものであった。


　警視庁は明治36年騎馬隊、大正７年赤バイ、昭和11年に白バイを発足させ、基本の乗馬姿勢をもとに、白バイ乗務員の命を守るための様々な訓練を行い、技術の向上を目指してきた。

　先人達が何人もの犠牲者を出しながら、より安全に走行するために試行錯誤を重ね改良を加えて引き継がれてきたのが白バイの「基本の乗車姿勢７つのポイント」である。

　これが、この間、数万人の白バイ乗務員の命を守ってきた乗車姿勢である。

　本書は、警視庁の白バイが数十年という膨大な経験、失敗、改善を積み重ねて築き上げてきた、道路上を安全に、安定して走行するための基本を筆者の感覚で活字にしたものである。

　今でいう、ビッグデータに裏付けられた乗車姿勢ということ

ができ、先人達が築き上げてきた後世に残すべき白バイ乗りの財産で、交通事故を１件でも減らそうとしている白バイ乗りからライダー達へフィードバックすべきものである。

　本書では基本の乗車姿勢について解説をしていくが、これを押し付けるものではない。「上手に華麗にバイクを乗りこなす人はこういう姿である」ことを参考にして、安心で快適なバイクライフに活かしていただきたい。また、指導者の皆さんの参考となれば幸いである。

# 目次

# 乗車姿勢とは何かを考える

　バイクは、走り出してしまえば転ばないように作られているので、走るための各操作をだいたいでいいから行うことができれば誰でも楽しく走らせることができます。

　移動手段だけのためにバイクを利用する方は、自分の乗り方で走っていても乗り方が悪いからといって即事故を起こしてしまうかというと、そうでもありません。

　バイクは機械であり人が移動するための道具です。

　道具を使うスポーツといえば野球、テニス、卓球、棒高跳び、ゴルフ等がありますが、どれもよく見るおなじみのスポーツです。

　ここで考えていただきたいのが、例えば野球のバットを操る選手達はただバットを我流で握りしめて振り回しているのかというとそうではなく、バットの上端から○cm○mm、手のひらをこう当ててこのように握る、ということなどをミリ単位で体にしみこませ、一番効率の良い、又は体が動きやすい握り方をしているということです。

　そして振り始め位置はここ、その時の目線は、膝の角度は、足の位置は……と細かな調整を行い、それらすべてを一瞬に点検して調整しながらバットを振っているのではないでしょうか。

　筆者は剣道を少々心得ますが、竹刀の握り方がミリ単位で狂

えば思ったような打突はできません。

　剣道の構えは、敵が攻めてきても攻め込まれず、自分が攻め込むことができる有事即応の体勢なのです。

　どのスポーツでも同じだと思いますが、剣道で言えば、強い人ほど構えが崩れないのです。

　また、道具を用いないスポーツも同じことで、相撲、マラソン、100 m 走等々、やはりそれぞれの基本形があり、選手達は基本形を教わり、自分の体にしみ込ませ、それを高度に習得した後に我々の前に無駄のない体の動きを披露しているのではないでしょうか。

　さて、バイクはスポーツかと言われれば移動のための交通用具であり、多々ある交通手段の中の一つです。

　交通手段をいかに安定して速く動かすかを競い合うのがモータースポーツであり、カーレース、バイクレース等があります。やはりここにも基本的な姿勢があることは明らかでしょう。なぜならみんな同じ形で走っているからです。

　バイクのレースでは、より安定して速く走らせるロードレースやモトクロス、速さではなく安定と走破力、バランスを求められるトライアルが代表的なものですが、ライダー達は失敗するかしないかのぎりぎりのところで工夫を凝らして勝とうとしています。

　交通手段として、街乗りやツーリング等で安全に安定して走行するために、マシンとライダーの技量の限界付近で走行するレースでの技術を参考にすることは、安全運転に関しても大きな意味があるでしょう。

　なぜなら、彼らもある程度の基本形を習得した後に、名のある選手として才能を開花させていったと思われるからです。

　安定、安全な走行や技術を向上させるためには、何かしら変わることのない法則があります。その法則はライダーがマシンを操るうえで必要な体の動きであり、無駄がない正しい乗車姿勢と考えられます。そして正しい乗車姿勢はライダーにとって有事即応の体勢といえるのです。

　いつでもどこでもどんな時にでも基本の乗車姿勢を崩さないこと（構えを崩さないこと）が技術の向上に不可欠であり、これを極めていくことで攻守ともに優れた操縦が可能になるのです。

# 白 バイのテクニック

　白バイは、交通秩序を守るために交通の指導取り締まりを行うことをメインとした警察官が、パトロールするための二輪車です。

　パトロールをするに際し、運転することがパトロールの負荷になっては、パトロールに使うべき意識は低減し、発見するべきものも見えなくなってしまいます。

　よって白バイ乗務員には、運転操作を無意識に行い自分の足として走行できる程度の技量が求められることになります。

　そこで、短期間に白バイを自分の足とするために、基本の乗車姿勢を理解し自分の体にしみ込ませるため個々に応じた少々負荷の高い訓練を続け、いつでもどこでもどんな時でも基本の

乗車姿勢を保てるように訓練していくのです。

　その壁となるのが恐怖心です。


- バイクは止まれば足をつかないと転倒します
- 傾斜しすぎると転倒します
- カーブの途中でアクセルをいっぱいに開ければ転倒します
- ブレーキを強くかけると転倒します


「バイクは人が適切に操ることができないと転倒する乗り物です」

　では、バイクは転倒するように作られているのでしょうか。

　バイクは、真っ平らな地面の上で、ある程度の速度が出ていれば人が乗っていなくても真っすぐに走っていきます。

　強風が吹いても、石を踏む等の外乱があっても、ものともせずに立って走っていきます。

　バイクが自ら転倒することはありません。

　転倒せずに走り続けられるように技術者の手によって知恵を絞って作られています。

「バイクは転倒する乗り物」というのは、運転手の勝手な思い込みなのです。

「転ぶと痛い」「転ぶと怪我をする」「転ぶと死ぬ」

　という、即時身に降りかかる切羽詰まった恐怖心がバイクライダーにはあるのです。

　この恐怖心こそがライダーの天敵です。

　この恐怖心がバイク自身の転倒しないで走ろうという機能の

邪魔をして基本の乗車姿勢から離れた我流に流れていくのです。

　しかし、「基本の乗車姿勢を何とか保とうとし、我慢してこらえて操縦すること」で回り道せずに技量の向上が望めることになります。

　白バイの訓練生は基本の乗車姿勢をみっちりとこれでもかというくらいに叩き込まれます。

　我流は一切排除します。

　基本の乗車姿勢をある程度保てるようになってくると、訓練生達は自分で自分の体を観察してチェックし修正して、爆発的に技術が向上していきます。

　指導者達は、教える相手の技量を見極め、少しずつ難度を上げて次のステップに導く役となります。

　訓練をする過程で、「ここまでなら大丈夫、できた、行けたと思え」少しずつ不安や恐怖心が解消されてバイクへの信頼感、自分への自信も向上していきます。これもバイクの練習の醍醐味です。

　バイクの恐怖心は、一つ操作を誤れば路面に叩きつけられてしまうという身に迫る恐怖心であり、例えばほんの少しハンドルを切る動作、バイクの傾斜に合わせてほんの少し体を倒す動きなど、些細な動作にも付きまとい、ライダー達の上達を妨げています。

　実は、本当の敵は、怖さに負けて怖さを我慢してこらえて操作しようとしない自分自身なのです。

　コーナーリング中にぐらついた、後輪が少し滑ったなどの意

図しないバイクの動きはいくらでもありますが、少しのことで「ニーグリップが弱くなる」「足をつこうとする」「ハンドルに掴まる」「地面に立とうとする」など無駄なことをしてしまいます。

　例に挙げた動作は果たしてバイクを倒さないために行っているのでしょうか。

　怖さのあまりバイクのハンドルに掴まっていませんか。

　転んだあと自分だけは転倒せずに地面に立っていようとしていませんか。

　自分の心に聞いてください。

　例に挙げた動作はその時点で運転操作をあきらめた転倒後の自分の体を守るための行動ではありませんか。

　バイクを操ることをあきらめてしまっていませんか。

　逃げたい気持ちを我慢して、何とかバイクを自分の力で操りきってやるという心意気がとても大切なのです。

　乗車姿勢はバイクを操縦する上での構えです。少々の問題で乗車姿勢を崩して構えを解いてはいけないのです。

　恐怖心は自分の心から発生します。現レベルより難しい課題がライダーに与える恐怖心を我慢し乗り越えていくことで、操縦能力が向上し次のステップに進むことができるのです。


## 恐怖心と戦う

### ちょっとだけの無理をガマンする。

　ただ単に移動手段としてバイクに乗っていても慣れてはいき

ますが、技術的には向上しません。

　どんなことも練習をしないで上手になれる人はいません。

　どんなスポーツも敵のある競技では強い人に相手となってもらわないと強くなれません。

　敵のない競技は次の目標を自分に課して効果があるよう練習をしないと向上しません。

　今できることをやっていては向上できないのです。

　無理をしないと技術は向上しないのです。

　しかし、一気に目標をあげて無理をしすぎると事故や怪我に繋がります。

　ロードライダーはロードライダーなりの、レースに参加する人はレースに参加する人なりの負荷をかけて、一段の低い長い階段1段1段をしっかりと踏みしめて上るようにステップを踏んでいかなければいけません。


　道路を走る際のライディングテクニックも少しだけ自分に負荷をかけることで少しずつ向上していくのです。

　怖い気持ちを我慢して、自分に負荷をかけて腕を磨いていくわけですが、負荷の大きさが適量でないと怪我や事故に繋がります。今現在よりも少しだけ無理をすれば達成できる程度の負荷をかけていくことが重要で、無理をしすぎてはいけません。

　**無理＝スピードや急な動作ではありません。**

　シートへの座り方、足の着き方、ハンドルの握り方等でさえ恐怖心を伴う「今の自分に合った無理の仕方」があります。

　その人に合った、その集団に合った適度な課題で挑戦してい

きます。

　その方法は、「ライダー自身が自分でも気づいていないこと」「勢いに任せていること」等の中にありますが、後ほど解説していきます。


## バイクはなぜ倒れない

　バイクはなぜ立って走るのかについては、『タイヤの科学とライディングの極意』『ライダーのためのバイク基礎工学』（共に和歌山利宏著、グランプリ出版）を熟読することをお勧めします。

　バイクは見た目直進していても常にハンドルは左右に切れており、左に傾くとハンドルは左に切れ、回転半径を小さくして遠心力を増加させ、その力でバイクは右に倒れようとします。右に倒れようとするとハンドルは右に切れ込み遠心力を増大させバイクを左に傾けようとします。

　この動きを延々と続けてバイクは転ばずに立っているのです。

　この効果でバイクが安定するのは、時速数キロからということです。

　ですから、少々の速度があれば、バイクは自ら転倒しようとすることは絶対にないのです。


　ハンドルを真っすぐに固定した自転車で実験しました。

　私を含め、どんなにバランスを取ろうとしても３ｍも進め

ません。

　ハンドルが自由に動くことができるからこそバイクは見た目直立して安定して走っているのです。

　ライダーはハンドルがバイクの思うままに切れるよう邪魔をせずに操ってやらなければいけないのです。

　それを実現するのが基本の乗車姿勢です。

# 基本の乗車姿勢

基本の乗車姿勢は７つの体の部分をポイントとしています。

目、肩、肘、手、腰、膝、足

人が生活していくうえでの自然な体の動きを、バイクにまたがった時にもできるようにポイントを絞ったものです。

特別な格好をするのではなく、人の自然な動きでバイクを操るための姿勢といえます。

※以降、イラストは肘の動きが分かるよう腕をまくっています。

## 目 〜とにかく進行方向から目を離さない

私もそうですが、見えないものは無いと判断してしまいます。

ミラーをきちんと調整し、前方から目を離すことなく周囲を確認しなければなりません。

走行中の左右等の確認は、わき見になります。ミラーを最大限に活用し、前方から視線を外すことなく、とにかく進行方向を見ます。

死角部分に確認が必要な時には死角部分だけをチラッと見て物の存在があるかないかの判断をします。

肩　目　肘　手　腰　膝　足

## ■目の特徴

　私達の目は、顔の前に２つ、縦にまぶたを動かして開閉ができるように横向きについています。

　犬やライオンなども同じく前についています。

　捕食される動物の馬や鳥などは、捕食者をいち早く発見するために横についているそうです。

　対して、人間の目は獲物を探すために進化したものだそうです。

　地平線まで見通せる広い大地の中から獲物を発見できるように、目は横に動くことを得意とするため、まぶたが縦に動いて閉じられるようになっているそうです。

　私達が見ている視野は真横よりやや後方まで見えていますが、視野の中にははっきりと物が見える部分とボヤッとしていますが物を認識することができる部分があります。物がしっかりとはっきりと見える部分は角度にすると非常に狭いものとなっています。

　目の30cm前に指をそろえて指紋を見てみましょう。

　人差し指と中指をそろえ、中指の指紋がどのように渦巻いているのかを見ていると、人差し指の指紋を見ることはできません。人差し指の指紋を見るためには、視線を動かして人差し指に移動させないとしっかりと見ることはできませんね。

　このように、本当によく見える部分はとても狭いのです。

　しかし、中指の横に人差し指があることは認識できるし、５本の指も確認することができると思います。

　１つのところをじっと見ていては他の物がはっきり見えない

ということになります。

　また、同じく中指の指紋を見てみましょう。ずっと見ていて下さい。数秒もするとボヤけてしまいます。長い時間はっきりと見続けることもできないのです。

　人間は太古から食料になるものや、獲物を見つけるために目を利用してきました。

　広い大地の中から果物や捕まえることのできる動物を見つけて食べていたそうです。

　だから目は横に並んでいて水平方向のサーチが得意であると、ある大学の先生が話されていました。

　目は他者との情報共有の手段にも使われていたようで、虎や犬などほかの動物の白目はあまり外から見えないのに、人間だけは白目がよく見えるのはなぜかという問いに、「人間は一緒に狩りをする仲間と目で意思疎通できるように白目があるのです」とNHKの『チコちゃんに叱られる』の、永遠の5歳のチコちゃんが解説していました。

　古代人もアイコンタクトを使っていたんですね。

　ライダーにとって、情報のほとんどは目からの情報であり、これらの特性からも道路上に転々と視点を動かし、中心の視野で安全確認し、その周辺の視野で次の確認個所を見つけ、視線を動かして中心の視野で確認するという作業の連続になると思います。

　高速道路でよく見かけるライダーで、進路変更時に斜め後ろを振り返り確認する方がいますが、後方確認中もバイクは前に進んでいます。この場合、ミラーで確認し、死角が不安なら、

前方が視野から外れない最小限での範囲で目や首を動かして確認して死角に気を付けるものの存在があるかないかを確認すべきです。

　もっともっと前を見ていようとする行動が必要です。


### ■見るものに鼻を向ける

　前方をしっかり見るため、又は注意すべきものをしっかり見るため、行きたい目標をしっかり見るためには瞳を目の中心に置いておかないと、しっかりと見ることはできません。

　大きく中心からそれた横目では物はよく見えません。そのため鼻を行きたい方向に向けて目を中心において見るために首を動かす動作を自分で行ってみてください。

　見たいものに目だけが動き、続いて首が回って鼻が向くという動きになると思います。

　視野を遮った際の例を挙げますと、歩いて階段を下りる時には次に踏むべき階段を一段一段確認して足を下ろしていくわけではありません。

　階段を見ずに目標物を見ながらでも階段は不安なく下りられます。

　ナップザックを前に抱えて階段を下りると背中に背負っている時よりも足元の視野が遮られ、自分が次に足を出す階段やその周辺の階段が見えなくなり、階段を下りることがとても不安になります。このように周辺の視野もかなりの情報を集めているということが分かります。

　頭を動かさないことも大切です。

首をぶるぶる左右に振ると、物ははっきりと見えません。

針の穴に糸を通す時には頭を揺らさないように息まで止めて集中して針と糸を見ようとしますね。

# 肩　脇　胸

シートにドカッと座り、背筋を伸ばしすぎず胸を張らずに肩の力を抜いて落とします。

歩いている時のように腕が脇をスムーズに前後できるように力を抜きます。上腕が前後に自由に動けるように肩を落とし力を抜いておきます。

脇を締めると言いますが、肩をすぼめるわけではありません。

両腕を前方にまっすぐ伸ばせるような姿勢になります。「脇を締める」については手、肘のページで詳しく説明していきます。胸を前に出すと肩が後方にいき、脇を締めることが難しくなります。腕をゆったりと伸ばし懐を広く保つことが重要です。

ハンドルに寄りかかると肩が上がってしまい肘や手の動きの邪魔になります。

ハンドルを切る時には、胸とハンドル中央の直線部分（左右のフロントフォークの最上部をつないだ線）が概ね平行になるようにします。

姿勢を保つために腹筋や背筋を使い上体を保ちましょう。

# 肘

　肘関節の動きはグリップを握る手の握り方で大きく変わります。

　脇の締まり具合もグリップを握る手の握り方に大きく左右されます。

　肘の関節は、外側のでっぱりが下を向くようにします。

　そうすると肘の関節が縦に動きます。

　動きとしては、歩いている時に腕を振りますが、その下腕を下と前に曲げる動作、手を垂直にして机を小指の側面でたたく動き、江戸っ子のごめんなすってと手を出した時の動き、手刀

## ●肘関節の使い方

正　肘のくるぶしが下を向いている

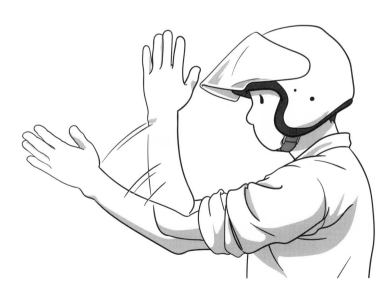

●悪い肘関節の使い方

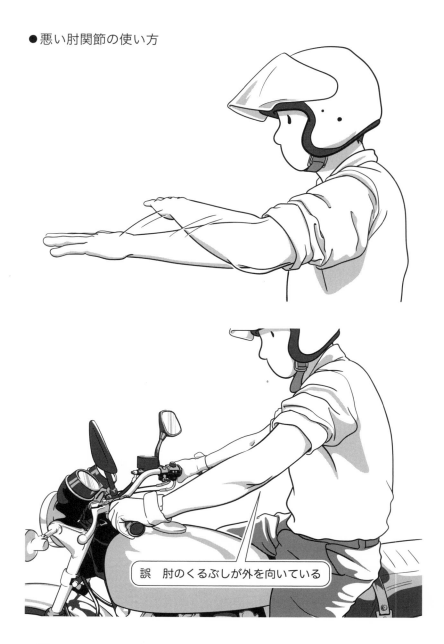

誤　肘のくるぶしが外を向いている

のような動きができるよう肘関節を使います。要は、肘の外側の出っ張りを下に向け、前腕が上下に動くように使うのです。

　肘を伸ばし切らずに肘関節は力を抜いて少々肘頭が下がった（少し肘が曲がっている）状態で力を抜きます。

　脇の締め方は次の項目で解説します。

　肘の関節が横を向いてしまうと脇は開く方に動き、手は左右に移動するようになってしまいます。

# 手

■ グリップの握り方

　ハンドルは必ずハの字型に取り付けられており、1本の鉄パイプを手前内側に絞り込んだように作られています。

　セパレートハンドルも同様です。

　ハンドルの握り方が、肘を前後、上下に動かすうえで最も重要です。

　直進時の握り方を解説していきます。

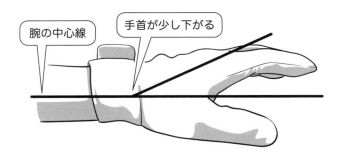

腕の中心線

手首が少し下がる

手は、シートに座ったまま手をいったん前に伸ばしてハンドル幅に合わせ、指先が少しだけ左右に開く程度に逆ハの字を作り、親指と人差し指の股部分が腕の延長線上中心になるようにグリップに添えるようにします。親指と人差し指の間をグリップの後方から前に当てるようにし、ほかの指はグリップに添わせます。

　手のひらの小指球（小指の付け根から手首までの間）といわれる部分は直進状態ではグリップに触れません。

　このようにグリップに手を乗せると、肘関節の外側の出っ張りは下を向き、腕は上下前後に動きます（小指の側面で縦にハンドルに上から空手チョップをする動き。瓦割りのような動き）。

　逆のパターンをやってみましょう。ハンドルを鷲掴み（小指までギュッと握る）にして握ると、手のくるぶしは外側に追い出され、肘関節のでっぱりは外の横に向き腕を曲げると前腕は肘を中心として横方向に回転します（胸を親指で叩くような動きの方向）。

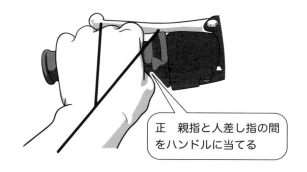

正　親指と人差し指の間をハンドルに当てる

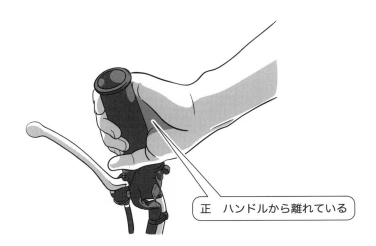

正　ハンドルから離れている

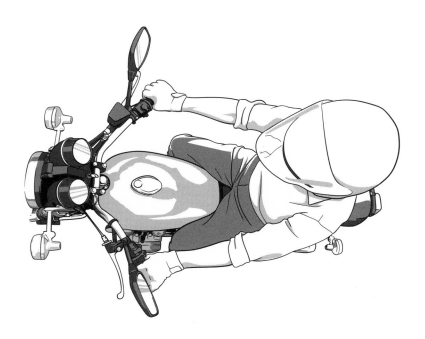

●悪いハンドルの握り方

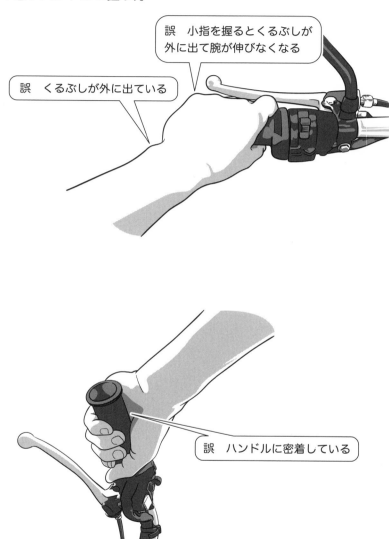

誤　小指を握るとくるぶしが
外に出て腕が伸びなくなる

誤　くるぶしが外に出ている

誤　ハンドルに密着している

　これではブレーキング時のノーズダイブに合わせて前腕を送りだすことができませんし、脇も締まりません。

　ハンドルを切った時に外側の腕は小指がハンドルについていってしまい腕を伸ばしてハンドルを切ることもできません。腕の長さを十分に使えないため胸が前に出てお尻が浮いてしまいます。

　ハンドルの握り方ひとつで腕の動きは決まってしまうのです。

小指を握ると肘は外を向き腕が曲がり伸ばせないため胸は前に出てお尻が浮き座り切れなくなる

　何より大切なのはハンドルは掴まるものではなく操作するものであり、必要な入力以外はハンドルが自由に動ける状態にしておくことです。

　ハンドルは電車の掴まり棒のような存在ではありません。


　脇を締めた時と脇が甘い時の違いを体験してみましょう。

　センタースタンドのあるバイクはセンタースタンドを立てて、サイドスタンドのバイクはサイドスタンドを立てて乗車します。

　基本の乗車姿勢を保ち、脇を締めてみます。

　助手の方にバイクの横から足で前輪の先端を横から押してもらいます。

結果はしっかり脇を締めていると前輪を横から押されてもある程度は持ちこたえることができ、押した足を、ふいに前輪から離すとハンドルは真ん中に戻ろうとしますね。

　次にハンドルをわしづかみにして脇を甘くして前輪を同じように押してもらいます。

　持ちこたえることはできず、いとも簡単にハンドルは切れてしまいます。


## 腰　尻

　座りきることが重要です。

　体格に合わせてシートの前後方向は適宜な位置、左右方向は、ど真ん中に座ります。

　全体重をシートにかけるくらいにシートに体重を預けます。

　お尻の穴がシートに付くくらい、尾骶骨がシートに触れるくらい、に座ってみましょう。腰骨を立ててはいけません。背筋を伸ばしすぎてもいけません。ちゃぶ台の前に胡坐で座ってテレビを見ている時のようにリラックスして座りましょう。

　このように座るとおへそは引っ込んでいます。

　お尻を浮かせて足でマシンをコントロールしたりやや中腰の姿勢になる時など以外はいつもこの状態で座っていることです。

　停止して足をついた時もこの状態を保ちます。

　浮足立って足に力が入るとお尻が浮きます。お尻が浮くと胸は前に出ます。ライダーの体重はシートから抜けていきます。

悪いことの連鎖が起きます。

　とにかく**マシンに体を預ける**というつもりで座りきることが重要です。


# 膝

　ニーグリップの話です。

　バイクに掴まるのが膝（太もも）です（踵または足のくるぶしで掴まることもあります）。

　必要な時に必要なだけ膝と内ももでタンクを掴み下半身を固定します。

　ハンドルに掴まり上半身を安定させるのではありません。

　膝（内もも）、お尻でバイクに下半身を固定し、腹筋、背筋で上体を安定させるのです。

　乗馬もニーグリップを大切にしているそうです。

　競馬中継で走る馬と騎手を見ると、馬はパカパカと地面を蹴り上下動しながら走っているのに、騎手の頭は全く地面と平行に揺れることなく前に進んでいきます。

　足を使い下半身を馬に固定して腰、腹、背筋で上体を安定させているのがよく分かります。

　頭が揺れないので目もよく見えているはずです。


# シートベルトの役目

　四輪車を例にします。

運転席に座っていることを想像しながら体の動きを考えてください。

Ｑ１　シートベルトをしないで背中が寄りかかっているシートバックを倒します。

オートマチック車の場合はギヤをドライブに入れてアクセルを強めに踏みます。

車は発進し加速しています。

今あなたはどこに掴まっていますか？

ブレーキをかけます。

今あなたはどこに掴まっていますか？

Ａ１　加速時は上体が後ろに倒れないようハンドルに掴まっていますね。

減速時は上体が前方に倒れようとするためハンドルに寄りかかって体を支えていませんか。

掴まったままハンドルを左に目いっぱいまで切ってください。

ハンドルをぐるぐると回すことはできませんね。

加速時はシートバックにより上体が後方に倒れるのを防いで姿勢を保っています。

減速時はシートベルトと左足の踏ん張りにより体が前方に倒れるのを防いで姿勢を保っています。

Ｑ２　通常のシートの位置で運転席に座っています。

シートを前後に調整するレバーをシートが前後に動くよう操作したままにしてください。

アクセルを強めに踏んでください。

　　　　ブレーキをかけてください。

　A２　シートが加速により後方に移動してアクセルを踏み続
　　　　けることができませんし、体が後方に移動するのを防
　　　　ぐためにハンドルに掴まっていますね。
　　　　ブレーキを踏むとシートが前に移動してくるのでハン
　　　　ドルを押し左足で踏ん張って体が前に行かないように
　　　　していますね。


　ハンドル操作やブレーキ操作どころではありません。
　車のシートは運転者の体が運転に適した姿勢に保てるよう車
に固定され、体形に合わせて調整できるようになっています。
　車にドライバーの体がある程度固定されているからアクセル
もブレーキもクラッチも踏めるしハンドルも回せるのです。
　挙動の強いレーシングカーは普通の車よりもベルトの数を多
くして、より強く車にドライバーを固定しています。
　戦闘機のパイロットも機体に体を固定しています。
　適切な位置で車両に体を固定することの大切さは四輪車など
からも分かります。
　ではバイクではどのようにして体をマシンに固定するので
しょう。
　膝、内もも、尻、踵、足のくるぶし、土踏まず、手がマシン
に触れている部分です。
　四輪車のシート、シートバック、シートベルトの代わりにな
る部分は尻、膝、内もも、腹筋、背筋です。
　ニーグリップにより下半身を固定し、腹筋、背筋により上体

を保つしかないのです。

　ハンドルに掴まってしまっては、ハンドルを切ることもブレーキをかけることも妨げられてしまうし、バイクが倒れずに走ろうとする機能を妨害してしまうのです。加速する時も減速する時もできるだけハンドルに頼らないように上体を保持しなければなりません。


　旋回やコーナーリングも考えてみましょう。

　緩いカーブを緩い切り返しで進んでいく時は直進状態の時とさほど変わりません。シートに座りきってバイクに任せて足なり手から必要な力をバイクに入力していけば気持ちよくコーナーリングしていきます。

　しかし右左にささっと切り返していきたい時はバイクに体を強く固定する必要が出てきます。

　免許を取得する際のパイロンスネークが良い例です。

　バイクは必要な入力を行えば瞬時にひらりひらりと切り返していきます。

　乗っているライダーはどうやってこの動きについていくのでしょうか。

　バイクが左右にバンクする時に体とバイクが一体となって傾くためには、バイクが傾く速さに合わせて上体を傾けようとすると、下半身でバイクに掴まり上体を下半身の傾きと同じ速度と角度で左右に倒さなければなりません。

　バイクはタイヤの接地点を中心に傾きライダーは中心から離れた位置に乗車しているため傾く際の動きはバイクよりも大き

くなります。

　良い体験方法があります。

　二人一組で、一人はバイクにまたがり両手を離し、一人はハンドルの横に立って左右どちらかのグリップを両手で持ちます。

　サイドスタンドを払い、グリップを握っている人はバイクを連続して左右に少しだけ傾けます。

　またがっている人はスピードメーター付近を見て自分の中心線がバイクの中心線に合っているかを常時確認します。左に傾けた時にスピードメーターが中心よりも左に動いていたら上体はバイクの傾きよりも甘く垂直方向に残ったままで上体はバイクの切り返しについていけていないことになります。

　かなり遅い切り返しでも上体がついていくためにはかなりの力でニーグリップしていなければいけないことが分かると思います。

　パイロンスネークをリーンウィズでささささっと切り返していくには相当ニーグリップをして上体を腹筋背筋脇腹の筋肉で保持しバイクの傾くスピードについていかせないと、バイクと同じ動きはできません。

　ほぼ100%の人は体を垂直方向に残したまま、股ぐらでバイクだけを傾けて切り返しています。


# 足

　ステップの上に土踏まずを乗せ、つま先はなるべく平行に近

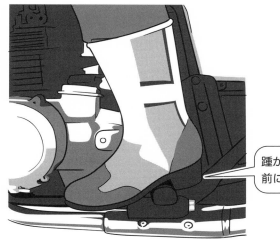

踵があると足の位置が
前にずれにくい

いよう前方に向けます。

　膝はつま先の向いている方向に曲がります。

　つま先を平行にしていると膝から太ももの内側は常時タンクを掴むことができる状態となります。

　つま先があまりに外を向いてしまうと股関節も開いてしまうので、いつでもぎゅっとニーグリップできる程度につま先が平行に近い角度を保てるようにします。

　シートにまたがるとタンクで股が開いてしまうのでつま先は外を向きがちですが、足首の関節をストレッチして慣らしていくと平行に保つことができるようになります。

　ブレーキペダルやシフトレバーの位置が高いとつま先を上に上げておかなければならず、つま先は外側を向きやすくなります。

　地面に立って、つま先を逆ハの時に広げたり内股にして膝を
曲げると理解しやすいと思います。

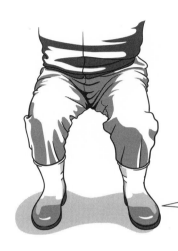

膝は足の方向に曲がる
足を平行にすると膝は締まる

つま先を開いて足を曲げると
膝は開く

シートに着座している時、足はステップの上に乗っているだけです。

　ステップに力を入れるとお尻が浮き、座りきることができなくなります。

　右足親指の付け根はブレーキペダル、左足はチェンジペダルの上に触れる程度に乗せます。

　シフトレバーを上げる時は、レバーの外側からレバーの下に回し、左足親指付け根付近でシフトしすぐに元に戻します。

　踵の位置ですが、両足の踵でフレーム等をホールドできるバイクでは、踵でバイクを掴むことで、より下半身を安定させることができます。

　両足の踵でバイクを掴む動作はバイクを上に引き上げる際や後輪をホップさせる際にも使われるテクニックです。

　ステップの上につま先を乗せるケースですが、競技では足首の関節を使い、ステップにより体重をかけたい時、足首の関節もバネとして使いたい時などにつま先を乗せることがあります。

　しかし道路上では必要ありません。

# バイクを自分の体に合わせる

　バイク選びは楽しいですが、バイクは自分の腕と体格に合ったものがよいと思います。

　私は身長175cm、体重73kg程度ですが、650cc程度の車格が体に合っているなと感じています。

　子供のころ自転車を買う時は体に合わせたものを買ってもらいましたよね。

　大きなバイクに乗りたいのであれば、体格に合ったものから始め、技術の向上に合わせてステップアップしていくことをお勧めします。

　買ったままのバイクはあなたの体にピタリと合うようには作られていません。

　四輪車の運転席に乗った時に、シートの前後位置、シートバックの倒れ具合、ハンドルの位置などを調整しますが、バイクはレバーの調整ができる程度です。

　メーカーの推奨値を参考にしながら、以下のような点を調整しましょう。

## ■ハンドルの前後位置
　調整できるものはハンドルを立てたり寝かせたりして自分の腕の長さに合った位置に調整します。

## ■ 各レバーの高さ

ブレーキ、クラッチレバーは取り付け部分を緩めると、ハンドルを中心にして回転し上下に調整することができます。

グリップを握りブレーキレバーの上に指を乗せた時に手首が上がってしまわない位置（手のところで説明した、手首が少し下がる程度の角度を保てる位置）に調整します。

クラッチレバーも同様です。

握力の小さい女性などはレバーを少し上げ気味にすることで楽になる場合があります。

ただし、油圧式の場合は、あまりに角度をつけすぎてマスターシリンダーのリザーブタンクが斜めになってしまってはいけません。


## ■ ブレーキレバーの大きさ調整

ほとんどのバイクにはレバーの調整機能が付いています。

ブレーキレバーを握った際に人差し指の指先から数えて1つ目の関節がレバーを引ける程度に調整します。

アクセルを戻しレバーに指を添えた時にそのままぎゅっと握り込める位置にしなければいけません。

当然のことですが、レバーの位置がハンドルから遠い近いによってブレーキの利き始め位置は変化します。

また、人差し指と中指などの2本指でレバーを握る方はぎゅっと握った際に指が挟まれないようにすることも忘れてはいけません。

■ **クラッチレバーの大きさ調整**

クラッチレバーは使う準備をしてから握り込んでいきますので、手繰り寄せる部分があっても問題はありません。

油圧式のクラッチレバーにも調整機能が付いているものがたくさんあります。

自分の手の大きさに合った位置に調整しますが、半クラッチを保った時に操作しやすい大きさがよいと思います。

ワイヤー式のクラッチレバーは、遊びの大きさをクラッチレリーズで調整し、その後にレバーの位置を調整します。ほとんどの場合、レバーを小さくするとレバーはハンドルから近くなりますが、遊び量は増えてしまいます。

またワイヤー式の場合は温まると遊びが大きくなる傾向があるので、走行した後すぐに調整する、出先で止まった時に調整するなどこまめな調整をして、安定するところを探しましょう。

ワイヤー式のクラッチは、クラッチレバーの遊びをあまりに大きくすると、レリーズの動きが足りなくなりクラッチの切れが悪くなりますので注意しましょう。

■ **アクセルの遊び**

ハンドルを左右いっぱいに切った時にアクセルがスパッと戻り、かつ直進時に自分の好みの遊びとなるように調整します。

アクセルの遊びが多いとアクセルを開ける際にワイヤーのゆるみをたぐる距離が増えて機敏な操作が困難になります。

私は遊びの少ない方が好みですが、アクセル操作はシビアになります。

## ■チェンジペダルの高さ

　チェンジペダルはロッドの伸縮で細かく調整できるタイプと、ギザギザ１コマずつしか調整できないタイプがあります。

　ライダーの足の長さ、足首の柔らかさで快適な位置はそれぞれですが、いつも足首を上に上げていないとペダルを踏んでしまう状態ではいけません。足をステップに乗せた時に自然とペダルの上に靴裏が触れている程度が快適であると思います。

　ただ、シフトペダルを下げすぎると、左コーナーでシフトアップする際、足が路面に接触してしまうのでそんなことも考えながら、ストレスの無い位置に調整します。

　ちなみに、競技用のトライアル車は、シフトレバーがコース内の障害となるものに当たったり足で踏んでシフトダウンしてしまわないように、レバーが垂直近くに立っています。ですからシフトアップは踵、シフトダウンはつま先という操作になります。

## ■ブレーキペダルの遊び、高さ

　まずブレーキペダルの高さですが、チェンジペダルと同じように高さを調整します。

　チェンジペダルとちょっと違うのは、足の裏がブレーキペダルの存在をいつも感じていられるように少しだけペダルに荷重をかけていられることができる位置に調整することです。

　ブレーキペダルの遊びの調整ができるバイクに限ってのことですが、遊びが大きいと足首を伸ばす量が多くなり、また利き

はじめを探すまでの時間が増えますから操作性が悪くなります。

　少なめの遊びは踏み加減が調整しやすく、私は好みですが調整も操作も繊細になってきます。

　遊びを調整したら、ブレーキランプのスイッチも適切に調整しましょう。


■バックミラー

　左右のミラーはミラーの内側に肩の4分の1が入る程度に調整します。

　目だけを動かした時に鏡面に自分の肩が入っていることを瞬時に把握できる程度のところを選びましょう。肩が映っていないと、鏡面がどこを映しているのか判別できません。明るい色の上着を着ていたほうが肩を把握しやすくなります。

　上着は袖の上腕部が風でバタバタしないものや上腕部が膨らんでしまわないものにし、バックミラーの鏡面がよく見えるようにしましょう。

　おおよそ水平を見られるように調整します。

　また朝バイクにまたがった時と夕方またがった時とでは、姿勢の変化でミラーの映る位置がずれるので、こまめな調整が必要です。


　このようにバイクを調整していきますが、基本の乗車姿勢を保てるように調整を重ねてください。

　乗車姿勢が身につくにつれて調整も変わってくるでしょう。

# 停止中、路面に足を着いた時の姿勢

　停止中に左足を着くことは教習所で習いました。右足はブレーキを踏んでサイドブレーキの役目をしています。

　その足の着き方ですが、左足で地面に立ってはいけません。

　足はサイドスタンドのようにバイクが倒れないようにするつっかえ棒ではありませんし、力で支えてもいけません。

　バイクを直立させると、人差し指と親指の２本の指でバイクを十分に支えていられます。

　着地した足は右に倒れてこない程度のわずかな傾斜角を保持するために着地させるのです。

　ですから踵を着こうとしてはいけませんし膝を伸ばしきってもいけません（足の長い人、シートが低いバイクは着いてしまいますが）。

　地面の車体から近い位置にドカッと座ったままぶらっと足を垂らし、つま先だけ地面に着地させます。

　基本の乗車姿勢をきちんと保ったまま軽く地面につま先を着きます。

　足を着いたからといって乗車姿勢が変わることはありません。

　座りきったまま足を地面にチョンと下ろすだけです。

　膝を伸ばし切らず、踵を着かずに関節が動けるようにしておきましょう。

停止中も前方を見ています。

シフトする時も前方を見ています。

**下を見ない、メーターを見ない我慢が必要です。**

ウインカー、ライト等の操作はスイッチを見ないで行います。

下を見ない我慢をするのですが、自分の体の動きをかなり意識していないと無意識に下を見てしまいます。

下を見ていることに気づかない時もあります。

## アクセル操作

エンジンは、できれば一定の回転数で回り続けたい機械です。

ブンブンとアクセルを開けたり閉めたりしてはいけません。

必要な分の力を保てるよう一定に保つことが大切です。

アクセルを開ける動作ですが、まず遊びの部分（軽く回る分）をたぐります。

遊びがなくなり少し重くなったところから必要な分だけアクセルを開きます。

アイドリングから少し上の回転数を使う時など、遊びをたぐる動作がとても重要になります。

アクセルを開けようとするとハンドルを引いてしまう方もいます。ハンドルを動かさないようグリップだけを回します。

発進時、左に曲がる方はアクセル操作でハンドルを引いてしまっています。

# ハンドルの切り方

大前提は、人の自然な動きでハンドルを切るということです。

人の動きをよく考えてみましょう。

例えば、あなたが公園で立って景色を眺めているとします。

左の真横50mのところに友達がやってきました。

まだあなたは友達の存在に気づいていません。

友達が「おーい〇〇」とあなたを呼びました。

あなたは、「左のほうから声がしたな、この声は△△の声かな」と左の方に目を動かし、顔を向けます。

ちょっと遠くて顔がはっきりとしないので、よく見るために顔を更に左に向けます。すると上体は左に捻じれます。「あー△△が自分に声をかけているんだな」と気が付きます。友達が「ここに面白いものがあるよ、こっちにおいで」と呼びました。あなたは「何があるんだろう」と友達の方をよく見るために更に顔を友達の方に向けます。上体が捻じれ、腰も左に捻じれています。あなたは左に居る友達の方へ向かいたいと思いました。

ここで体の動きを見てみると、友達の方向に多く向いているのは、顔、胸、腰、膝、足首の順になるはずです。

真横に友達がいるので体の正面を友達に向けなければ歩いていけません。あなたの体は左に捻じれたまま第一歩の足を踏み

出します。数歩歩き出したところで友達に体全体が正対します。

　この間、顔は友達の方を見たままで、友達の方へ正対するにつれて体全体も徐々に友達に正対していきます。

　バイクに乗ると、お尻から下はニーグリップによりバイクに固定されています。

　自分の脚では遅いので自分の脚の代わりに速い脚に乗るわけですね。

　この動きをバイクの上で行います。

## 実際にハンドルを切る

　バイクにまたがり両手ともグリップを握る位置に親指と人差し指の付け根だけをつけて、顔を大きく左に向けます。すると肩も左に捻じれます。お腹も捻じれます。腰も捻じれます。

　ハンドルは指の付け根に押されて左に切れていきます。

　もっとハンドルを切りたいのですが、右のハンドルを切る腕の長さが足りませんね。

　腕の長さが足りるよう胸をもっと左に向けて親指と人差し指の間でハンドルを押してください。

　まだハンドルを握ってはいけません。

　手首や手の角度はハンドルを切る前と同じで、前方に移動しただけです。

　指をハンドルに添えます。

　直進状態とは違う握りになっています。

ハンドルの握りを変化させ
手を前後方向にだけ動かす
ことで腕を伸縮でき、しっ
かりと座ることができる

　左肘は、左の脇腹に寄ってきてつっかえてしまいます。つっ
かえないように体側につけて肘を後方に引きましょう。

　左手もハンドルを切る前と同じ状態です。

　指を添えると握りが変わっています。

　手は直進状態と同じ形で、肘が手を前後に移動させているだ
けということとなります。

　この形がハンドルを切った時の形です。


　顔、肩、胸、腹、腰の順に左に捻じれています。

　胸はハンドルを切った方向に向いています。

　ニーグリップを緩めると右の膝がタンクを押しているはずで
す。

新しい脚（バイク）に左に行けと膝が言っています。
反対にハンドルを切ると手の握りは左右が入れ替わります。

ハンドルを右に切った時の握りをそのままにすると
左に切り返した時に腕を伸ばすことができず、上体
は右ハンドルに引っ張られ、前方と右外に移動する。
握りを変えずにハンドルを直進状態にすると、両腕
とも曲がったままになってしまい（22ページの図）
脇はガバガバになる

# 肘 の動き

　ハンドルはハンドルの中心付近を回転軸として左右に回転しますが、肘は前後に動き、腕が伸びた分だけ上に上がります。

　ハンドルを左に切った時、左肘は後方へ、右肘は前方へ移動しますが手は直進時と同じ形で前後に動くだけです。

　基本の乗車姿勢7つのポイントを崩すことなく手はやや逆八の字で、ハンドルを切ってもその形は変わりません。

　ですから右手の小指の付け根はハンドルから遠くなり、左手の小指の付け根はハンドルに近づいているはずです。

　両手とも小指をぐっと握ってハンドルを切ると手はハンドルと同じ回転運動をし、ハンドルを左に切れば右肘は横を向いて腕が曲がり、左肘も肘は横を向いています。

　右腕は丸を書くように曲がってしまい腕を伸ばすことができなくなってしまいます。

　グリップは柔らかく握り、握る手の中でハンドルを遊ばせるのです。

　右手で50cmくらいの棒の右端をグリップを握るように握り、棒を水平にして胸と平行に持ちます。鉄棒を片手だけ握った感じです。

　左手で棒の左端を前後に動かします。

　右手をぎゅっと握っていると右手は逆八の字の形を保てずに回転してしまいます。

　次に右手の握りを緩めて左手で棒の左端を前後させます。

　棒は右手の中で遊び、握りが変化しています。

この握りの変化で手の逆八の字を保ちます。

この手の動きをいつでもどこでもどんな時でも崩さないようにするためには大変な練習量が必要になります。

ハンドルに掴まらないようにすることがとても大切で、いつも意識していくことで少しずつ体にしみ込んでいきます。あきらめず少しでも理想に近づけたいと続けることが大切です。

これを意識して続けることで、他の技術の伸びが格段に違ってきます。

GP ライダーのコーナーリング中の写真をインターネットで検索してみてください。

参考になります。

# 半クラッチの使い方

　半クラッチという言葉があるのですから、クラッチをつないだ時を全クラッチ、切った時はゼロクラッチと呼んでみます。

　半クラッチは「半」ですから0.5クラッチ、2分の1クラッチ、100分の50クラッチになりますね。

　では、100分の52クラッチや100分の63クラッチ、10分の3クラッチ、10分の7クラッチは何クラッチでしょうか。

　そう、みんな半クラッチです。

　半クラッチを使う走行シーンの多くは、発進する時、ギヤチェンジをする時、極低速で走行するなどで、大方が滑らかに駆動をかけたい時となります。

　アクセルを開けた際のエンジンの回転上昇力では駆動力が足りない時にも半クラッチを使いますが、通常の走行ではほぼ使わないと思います。

　滑らかに駆動力をコントロールしたい時の半クラッチの話をします。筆者は100分の48クラッチと100分の52クラッチを読者に覚えていただきたいのです。

## 半 クラッチ時のアクセルワーク

　アクセルはこれから使うエンジンの力が必要な分だけ回転を一定にして保ちます。足りなければ少しアクセルを開けて回転

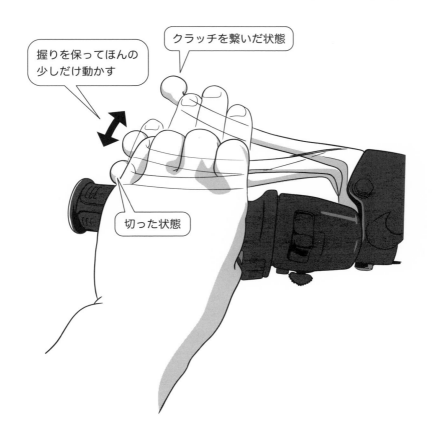

を保ちます。

　ブンブンとアクセルをあおると、余計な操作が増え、アクセルを戻した時にエンストする可能性があります。

　クラッチレバーを握る際は、まず遊びを手繰り寄せ、小指が握れるところまで3本の指で握ります。

　握り切る頃に小指も握ります。

　いっぱいに切った状態から小指を離して、まず駆動力がかか

るところまでレバーを戻してあたりを付けます。

　いきなり求める駆動力までレバーを戻してしまうのではなく、まずクラッチがつながることを体感できるところまでレバーを緩めて保ちます。

　その位置から探るように徐々にレバーを緩めて必要な駆動力を探っていきます。

　必要な駆動力が得られたらレバーの位置を保ちます。

　駆動力が足りない、強すぎる時には、ほんの少しだけレバーの握りを強弱させます。

　教習所で習う一本橋を渡る時のような低速域では、レバーの動きが見えない程度にしか動かしません。

　アクセルを保ち、あたりをつけて、必要な駆動力を得ることができるようになるまでには練習が必要ですが、練習量の増加とともに動作が速くなり、瞬時に必要な半クラッチを得られるようになります。

　また、常に駆動をかけていることで、チェーンの引っ張り側が常に張られており、チェーンのバタつきによる駆動力の変化が低減します。

　更にリヤブレーキをわずかにかけることで、より一層安定した駆動力を得ることができます。


　Uターンの時に内側に倒れてしまうのは駆動力が足りずバイクの傾斜角に見合った速度が得られていないことが原因で、クラッチを少し繋げることでバイクは立ち上がり転倒を防ぐことができます。

　このようなケースの場合、少しバイクが多く傾斜したことで「倒す」「転ぶ」と恐怖心が起こり、バイクを支えるために足を出して支えようとし、ハンドルを強く握ってバイクを倒さないように支えようとし、ハンドルの切れ角が足りなくなり、握った手の中にはクラッチレバーがあって、これも一緒に握ってしまうことで駆動力が途絶え、より一層状態が悪くなるというのがセオリーです。

　最悪なのはこの状態でフロントブレーキをかけてバイクを止めようとし、倒れ込む速度を加速させてしまうケースです。

　バイクを操作して体勢を立て直そうという気持ちが重要です。

　半クラッチを使う時にはハンドルを切ることが多いと思いますが、ハンドルの切り方で示した手の角度を変えず操作することが前提であり、クラッチレバーを４本の指全部で握りしめてしまうとハンドルを切ることが難しくなります。

　また、クラッチを握ろうとするとハンドルを手前に引いてしまう方がいます。

　ギヤチェンジの時など素早くクラッチを操作する場合で、ギヤチェンジするたびにバイクが右に倒れようとしてふらつきます。

　停止直前、クラッチを切る際に右に曲がってしまう方はクラッチを握る手がハンドルを引いてしまっています。

# 発進停止時の足の着き方

停止中、左足を着地するということは、ニーグリップで下半身をバイクに固定できなくなり、操縦するための構えを解くことになります。

停止中は膝と足以外の基本の乗車姿勢7つのポイントのうち5つのポイントしか守ることができません。しかし、5つのポイントを守っていれば足をステップに乗せただけで7つのポイントをそろえることができます。

発進時はバイクが動いたら即足をステップに乗せます。のろのろ運転の時でも同じです。1m進む時でも足をステップに乗せます。

発進したらとにかく速く運転のための構えを作ろうとすることが大切です。

バイクが動き始めた後、足が地面に残り、着地した足が地面に取り残されて後方に移動してしまわないようにしましょう。

停止時は止まる直前まで構えを解かないことが大切です。

停止する直前または止まった時に足をステップから離し着地するくらい我慢しましょう。

足を停止前に前方の地面に着地させバイクが後から追いかけてきて止まることが少しでも減るように足の着き方にも注意しましょう。

　停止する際は停止する直前まで足を出すのを我慢することが大切です。

## 発 進停止の練習

　バイクは、四輪車のようにブレーキをかければ安定して止まる機械ではありません。

　飛行機が、車輪を出して減速し、翼を広げて機首を上げ着陸態勢を整えるのと同じようにライダーもバイクも止まる態勢を整えておかないと安定して停止することはできないのです。

　バイクは自立安定性が出現する時速数キロまでは不安定な乗り物です。停止する直前が最も不安定になる時です。

　安定して停止するためには、乗車姿勢をきちんと保ったまま、後輪ブレーキで車体全体を下げ、前後サスペンションを縮め、フロントブレーキによるフロントサスペンションの沈み込みを緩やかに抑え、停止した後にフロントサスペンションの伸びが緩やかになるように前後輪のブレーキを調整するなどしなければなりません。

　しっかりと停止したバイクは停止後にフロントブレーキを開放すると前輪は数センチ前方に進みます。

　後輪のブレーキが弱い方は停止したのちフロントサスペンションが伸びて車体が後退するため安定しません。

　バイクを直進状態で直立させ、停止時に左足に荷重がかかるようほんの少しだけ左に傾いている状態で止まれるよう、練習が必要です。

# 発 進停止の練習方法

　停止中に基本の乗車姿勢７つのポイントのうち５つを整えます。

　前を見たままこれまで説明してきた乗車姿勢等を守り５ｍくらいまっすぐに進んで止まります。

　発進はそろりそろりと動き出し、できる限りハンドルを切らずに真っすぐに走り出し真っすぐに停止します。発進の際にハンドルでバランスを取らないよう、停止の時もハンドルでバランスを取らないよう停止します。

　バイクはさっと走り出し、ある程度の速度で減速し停止すれば、バイクに備わった自立安定性がライダーの技術をカバーしてくれるため、安定して発進停止することができます。

　しかし、あえてバイクに頼らずライダーに負荷をかけて技量を向上させる練習です。

　この練習で、発進停止の難しさ、手の握り方、脇の締め方、ニーグリップの大切さが実感できると思います。

　何よりも、勢いに任せて発進停止している自分に気づけると思います。

# 加減速時の上体の保ち方

　走行中にアクセルを開けると加速により上体は後方に倒れようとし、アクセルを戻すと上体は前に倒れようとします。

　ハンドルに掴まらずにどのようにして上体を安定させていくのかを学ぶ練習です。

　ギヤは１速でのろのろと直進します。

　ニーグリップをしっかりと締め、下半身をバイクに固定します。

　右手はアクセルを握り、左手はグリップを握らず、グリップに触れない程度に浮かし、非常時にグリップを握れるように用意するだけにしておき、アクセルを一瞬少しだけ開きます。

　加速により上体は後方へ取り残されようとします。アクセルを戻すと上体は前に倒れようとします。

　上体の前後動を支えるのがニーグリップ、腹筋、背筋です。

　右手がハンドルに掴まっていると加速時に上体が後方に動いた分手がハンドルを引き、ハンドルは右に切れてバイクは左に曲がります。

　アクセルを戻した時には右手がハンドルを押し、ハンドルは左に切れてバイクは右に曲がります。

　上体はシートに杭を打ち込んだようには固定できないので、いくらニーグリップをして下半身を固定して腹筋、背筋でこらえても上体は前後に動いてしまいます。

この上体の動きをバイクに伝えないようにする、または上体にハンドルの動きを伝えないようにするのが肘の伸縮です。肘を上手に使うためには手をきちんとした形でグリップに添えないと肘関節は軽く動いてくれず腕が伸縮できません。

　肘の動きが少し解り直進することができるようになったら、一瞬少しだけ開いていたアクセルをもう少し大きく開きバイクの挙動を大きくします。

　先ほどよりもハンドルの上下動は大きくなり体を保持するためのニーグリップや背筋腹筋の力も大きくなります。

　慣れてきたら加速時はブン、ブン、ブーンとアクセルをランダムに開き上体を揺さぶり、減速時は少しだけフロントブレーキをかけます。

　上体は更に前後動が大きくなり、フロントサスペンションの上下動も大きくなって更に大きな筋肉の動きが必要になります。

　ある程度強い加速とブレーキをかけても真っすぐに走れるようになるまで練習します。

　これができるようになった頃には肘が軽く動くようになっているはずです。

# 停止する際のバイクとライダーの姿勢

## 前 輪ブレーキをかける際の体の動き

　ブレーキは前輪後輪にそれぞれ別系統で備えられていますが、まず前輪ブレーキについて話を進めます。

　前輪ブレーキは制動中、荷重が増加するため制動力が強く、メインとなるブレーキです。

　まずブレーキレバーを握るとどんな行程でバイクが止まるのかを考えてみます。

　通常の油圧式ディスクブレーキで少々強めのブレーキを考えてみましょう。

　ブレーキレバーを握るとマスターシリンダー内のピストンをブレーキレバーが押してブレーキフルードが押され、閉塞されたブレーキホースを介してブレーキキャリパー内の大きなピストンをブレーキフルードが押し、ピストンはブレーキパッドを押し、ブレーキディスクに当たり更にブレーキパッドをブレーキディスクに押し当て、ブレーキパッドは車体に固定されたブレーキキャリパーで回転することができずブレーキディスクを止めようとします。

　ブレーキディスクは、固定されている車輪を止めようとし、車輪に固定されたタイヤも止めようとします。

　タイヤは路面との摩擦でブレーキが利き始めます。

ブレーキが利き始めると前輪のサスペンションが縮みタイヤを路面に押し付けます。

　ブレーキが利き始めると前輪の荷重が増えるにつれて風船であるタイヤはつぶれて接地面を広げ、更にブレーキは制動力を増してバイクの速度が急激に落ちていき停止します。

　さてブレーキをかけたライダーの動きはどうでしょうか。

　ブレーキレバーを握り込むとバイクは減速しようとしますが、ライダーの体はそのままの速度で走り続けようとします。

　バイクは止まろうとしているのでフロントフォークは縮み、バイクは前のめりになります。

　止まろうとするバイクに掴まり、体をバイクに固定する役目が、座りきったうえでのニーグリップです。

　シートに体重を乗せたお尻とニーグリップで下半身をバイクに固定します。

　上体も前に倒れようとしますが、上体を支えるのが背筋と腹筋です。

　バイクに固定した下半身で上体が倒れようとするのを背筋で支えて我慢します。

　ハンドルに寄りかかり上体を支えれば楽なのですが、フロントサスペンションが縮まっているのでハンドルに寄りかかってブレーキをかけると頭も前に動いてしまいます。

　フロントサスペンションの影響を受けないようにするため、肘を伸ばして上体と頭の位置が変化しないようにします。

（ハンドルに寄りかかってはいけない理由は後程解説します）

　競馬の騎手が腕を曲げ伸ばしして走行する馬の上下動を吸収して頭が地面と平行に進んでいく様子が参考になります。

　ブレーキレバーを操作する指ですが、ハンドルに掴まらないで操作するために、練習中は４本指で操作することをお勧めします。

## 後輪ブレーキをかける際の姿勢

　後輪は制動中、フロントブレーキで車体が前のめりになるため、浮き上がってしまいます。

　極端なのがジャックナイフです。

　ジャックナイフ時の後輪荷重は０です。

　後輪荷重を少しでもかけるためにはライダーの体重が前輪にかかりきってしまうことを避けなければなりません。

　そこで必要なのが、どっしりとシートに座り、ニーグリップで下半身をバイクに固定して上体を背筋腹筋で保持し、ハンドルになるべく寄りかからない姿勢をとることです。

　ハンドルに寄りかかってしまうと、お尻にかかる体重が減少してしまいます。

　しっかりと座りきることが大切です。

　後輪荷重を稼ぐために、お腹を後方に引くこともあります。

　トライアルでは、ジャックナイフから後輪を浮かせたまま後輪を左右に振っていくジャックナイフターンという技がありますが、乗車しているライダーの前後位置で後輪の上がる高さや後輪が浮く速さに大きな違いが出るほどです。

こんなことからも後輪荷重を保つことは大切なことと言えます。

　しかし、後輪ブレーキだけをかけた場合は、後輪ブレーキにより車体全体が路面に押し付けられるためフロントブレーキの併用時よりも後輪の制動力は上がります。

　後輪ブレーキは、後ろからバイクを引っ張って止めようとしてくれるため、安定した制動をするためには欠かせないブレーキです。

　前輪ブレーキと後輪ブレーキをその時の必要な制動力と相談して調整することが大切です。

　昔、150 km からの全制動のテストをしました。

　制動中前輪は路面を捉えてバイクはつんのめっているため、後輪ブレーキを少しかけただけで後輪は滑り出し、左右に振れてしまおうとしますが、同じ 150 km からのブレーキを前輪のみでかけた時よりも少しですが短く止まれ、安定感はやはり後輪ブレーキ併用の方がずっと上でした。

　「ライダーに安心感を与えてくれるブレーキなのだ」と感じました。


## 前輪ブレーキの特徴

　前輪ブレーキは、制動時の主となる制動力の大きなブレーキです。

　手で操作できるので、繊細な操作ができます。

　グリップから指を離してブレーキレバーを握らなければなら

ないので、制動時のハンドル保持力は低下し、ハンドルを握っていられない不安があります（トライアルではハンドル保持力を低下させないため、人差し指1本で操作する人がほとんどです）。

前輪ブレーキは制動時の荷重変化で車体を大きく前傾（ノーズダイブ）させます。この前傾がライダーの乗車姿勢を大きく崩そうとします。

走行中前輪を止め続けると必ず転倒してしまうというリスクがあります。

# 後輪ブレーキの特徴

後輪ブレーキは、制動中の後輪荷重が減ってしまい、大きな制動力は期待できません。

ブレーキがロックしても直進状態であれば後輪を引きずったままで前進し、フロントブレーキほど転倒のリスクは高くありません。

後輪ブレーキをかけることにより、車体全体を下げる作用があります。

「止まりたい」と思う気持ちで、無意識にペダルを踏んでしまうことがあります。

常に足はペダルの上にあるのでブレーキをかける準備時間がフロントブレーキに比べて少なくてすみます。

半クラッチでのろのろと走る時や、アクセルを開ける瞬間、コーナーリング中などに駆動力を調整するために便利なブレー

キです。

　後輪ブレーキで怖いのがハイサイドを食らうことです。ブレーキにより後輪が左右に流れますが、その時に後輪ブレーキを緩めることによりグリップが一気に回復しバイクが進行方向に一瞬で転倒してしまうのです。

　後輪がブレーキで左右に流れた場合は、直進状態になるまでコントロールし、直進状態になったのちにブレーキを緩めなければなりません。


## 通 常走行時のブレーキのかけ方

　通常走行時は、安定し、疲れないブレーキ操作で乗り心地の良いブレーキを心がけます。

　ライダーにとって乗り心地の良いブレーキは、減速度一定で、ブレーキのかけ始め、停止時のショックがないブレーキ、停止した時に安定して足を着地できる、バイクの車体姿勢の変化が少ないブレーキになります。

　通常の等速走行から停止するまでの過程を説明します。

　アクセルを戻してエンジンブレーキによる減速により前輪荷重を増やす。

　エンジンブレーキによりフロントサスペンションは少し縮まる。

　後輪ブレーキにあたりをつけてからブレーキをかけて、前後輪のサスペンションを縮めバイク自体を路面に押し付ける。

　フロントブレーキはあたりをつけたところから、必要な制動

66

力に握り込む。

等減速度で減速していく。

停止する手前でフロントブレーキを徐々に弱めていく（ぱっと離してしまうとフロントフォークが一気に伸びて不安定になります。緩やかにレバーを緩めていきます）。

弱めたブレーキによりフロントサスペンションは伸び、車体は前傾姿勢からだんだんと水平に戻ろうとします。

停止直前には更にフロントブレーキを弱めて、車体を水平に近づけて停止した際にフロントサスペンションの伸びをなるべく少なくします。

停止した際にも後輪ブレーキを踏み続けサイドブレーキの代わりとします。

フロントブレーキを緩めると、フロントフォークが伸びた分だけ前輪が数センチ前進します。

（後輪ブレーキを先に解除するとフロントフォークが伸び、バイクは少しバックするため足を着いた位置が変わってしまいます）

フロントブレーキから指を離し次の発進に備えます。

という流れになります。

停止する際に足を着くことに気を取られて後輪ブレーキを緩めてフロントブレーキのみで停止してしまうと、車体全体がフロントサスペンションに押され後方に数センチバックしてしまいます。

着いた足が前方に行ってしまい、足を着きなおすことになります。

このように車体の挙動がライダーの負担とならないようにブレーキをかけていくことで、安定した制動、疲労の軽減となっていきます。

　制動中に頭を動かさないよう乗車姿勢を保ち、肘の伸縮でバイクの挙動を体に影響させないことも大切です。

　雑に止まってしまって、停止した後にほっとするのではなく、丁寧な操作で停止するまで操縦を続けましょう。

## 強いブレーキのかけ方（かけ始め）

　ここからは、できれば後輪ブレーキをかけずに前輪ブレーキのみで練習した方がバイクの挙動を感じ取りやすいと思います。

　特に、短く止まろうとせずにブレーキの感覚を養うことが目的です。

　そして前輪ブレーキのみに精神を集中させることで、前輪がロックした際、反応しやすくなります。

　路面を最大限に捉えたブレーキをかけても、ライダーはバイクが止まるまで待っているしかありません。

　強いブレーキはそれ以上にブレーキを利かせることはできません。

　前で説明しましたが、制動距離を稼ぐことができるのは、

　　　止まらなければいけない原因を速く見つけること
　　　止まらなければいけないと速く判断すること

　ブレーキをかけるための準備を速くすること
　走行状態からいかにタイヤを速く地面に食いつかせ、ブ
レーキの利く状態を作れるか


になってきます。
　ブレーキをかけた後は強いブレーキであれば、限界はどこだ
ここかと探しながらレバーの握りを調整していきます。

　アクセルを戻してブレーキに指を添え、いかに速く強く限界
近くまでブレーキ力を得られるかがカギになってきます（空走
距離を減らすこと）。
　はじめは、走行中アクセルを開けた状態から、基本の角度ま
で手首でアクセルを戻し、指を添え遊びの握り代までレバーを
引き寄せる練習（ブレーキの利きはじめを感じる練習）を何度
となく行い、次にフロントタイヤに荷重を速く移動させられる
ようサスペンションを縮め、タイヤを速く潰す練習、次にブ
レーキを少しずつ強く握り、車体の上下動を感じる練習になっ
ていきます。

　制動距離を気にせずに、乗車姿勢を保ったままタイヤが路面
を捉える感覚とレバーの引き代の感覚を覚えていきます。

## 強いブレーキのかけ方
### （タイヤの限界近く）

　タイヤが路面を捉え、強いブレーキをかけられるようになってくると、バイクの挙動に特徴が現れます。

　そろそろタイヤが限界だよと知らせる挙動は、上下に起こる振動です。

　サスペンションは縮んで走行中のようにショックを吸収しきれなくなり、タイヤは潰れて元の形に戻ろうとします。

　この時に起こるのが上下の細かい振動です。

　この振動が出たら、ブレーキを強めてはいけません。止まるのを待つしかないのです。

　この程度のブレーキを継続すると、慣性が弱くなった停止前50cmくらいでタイヤがロックすることがあります。


## 強いブレーキのかけ方
### （真っすぐに走る）

　ブレーキはロックする寸前が一番利くといわれています。

　以前ある800ccのバイクで実験をしました。

　このバイクの前輪は1周約2mあり、前輪に大きな目印をしました。

　このバイクで70kmから前輪ブレーキのみで急制動をかけたところ20mで止まりました。

　あと少し握り込めば前輪がロックしてしまう程度のブレーキ

でした。

　ちょうどタイヤ10回転分の距離です。

　横からビデオでブレーキングを撮影しました。

　ゆっくり再生しながら目印が何回回るのかを数えたところ7回しか回っていません。

　あと3回どこへ行ってしまったのでしょう。

　タイヤが潰れたとしても3回転6ｍ分は潰れません。

　これがブレーキをかけた時のタイヤの滑りを表しています。

　スリップ比（率）何パーセントといわれるものです。

　ブレーキをかけてもタイヤはある程度滑りながらバイクを止めていることが分かりました。

　四輪車でもやってみましたが、結果は同程度でした。

　前の項目で前輪タイヤが潰れる話をしました。

　前輪タイヤはブレーキによる荷重を受けて接地面を広げ踏ん張っているからブレーキがよく利きます。

　では走行中にいきなりブレーキレバーを強く握ったらどうなるでしょう。

　いとも簡単にロックします。

　タイヤは路面を捉えることができずに滑走してしまうのです。

　フロントタイヤは、アクセルを戻したことによって荷重が増え、かけ始めたブレーキによって更に荷重が増えて路面を捉えていくのです。

　前輪ロックは即転倒につながります。

　前輪ロックをすると、一般のライダーでは頭が真っ白にな

り、何が起きたかもわからず解除することはできません。

　きちんと姿勢をとれる人が相当な練習をしないと前輪ロックを克服することはできません。雨などで路面が濡れていると滑り始めも早くなり、タイヤのスキール音もなくなるため、ロックに気付くことが困難になります。

　ちなみに警視庁の白バイ隊員は、全制動の訓練をする前に前輪ロックの解除訓練を行っています。

　前輪ロックが怖くてはロック寸前の一番利くブレーキを習得できないからです。自分で前輪をロックさせ、ロック後反射的にフロントブレーキを緩めて何事もなかったかのように停止する訓練を行います。

　この訓練は、相当なスキルのある指導者が訓練生の心の動きを読みとりながら、ほんの少しずつ訓練生に負荷をかけていき習得してもらうシナリオがあり、皆さんはこれを行うと必ず大怪我をするので試しに1回だけやってみることもしてはいけません。

　どうしても体験してみたいという方は、停止する30cm手前で思い切りブレーキを握ってみてください。

　この程度でも転倒してしまうかもしれません。

　怖さを体験するには十分です。

　ですから前輪は絶対にロックさせてはいけないのです。

　では、実際にブレーキの練習をしていきましょう。

　姿勢がきちんととれていないとあまりの減速にびっくりして転倒してしまうかもしれません。

　びっくりしただけで転倒してしまう人はいっぱいいます。

　しかし、ABS はすごい技術で作られているので直進状態なら、乗車姿勢を保つ自信がある方は覚悟を決めたうえで思い切り握ってみるのも一つです。

　前輪ブレーキの ABS 体験前に、後輪ブレーキを思い切り踏んで ABS の作動状態を体験してみるのもよいと思います。

　ここまでブレーキのかけ方を話してきましたが、強いブレーキをかけている時に前輪タイヤは増加した前輪荷重を支えタイヤは潰れ、前に滑ろうとするタイヤは必死に路面を捉えようとぎりぎりで頑張っています。

　この状態で目一杯という時にライダーがハンドルに寄りかかり自分の体重を支えたらその体重は前輪タイヤにかかり前輪タイヤは限界を超えてしまいます。

　ですからバイクの前輪をいたわるためにも、ハンドルに寄りかかってはいけないのです。

## 初 心者・自信の無い方向けのブレーキ

　ではあまり自信のない方はどうしましょう。

　前輪ロックの話で脅かしてしまいましたが、前輪がロックした際は、直進状態ではロックした瞬間に転倒してしまうわけではありません。

　ロックしても瞬時にロックを解除すればタイヤは回転して路面を掴み、バイクは何事もなかったかのように走ります。

　ロックした後にライダーがロックしたことに気付けず、ブ

レーキを緩めるという対応ができずにロックを継続することで転倒するのです。

　前輪がロックを継続するとバイクは自立する力を失い、前輪が滑走しながら傾きの原因のある方に車体が傾き、更に滑走しながら大きく傾いていきます。

　そしてある限界に達すると足払いを食らったように転倒するのです。

　原因はハンドルがわずかに切れていることが大半です。

　ロックするとびっくりして上体を保てなくなり転倒する人もいます。

　ここで重要になるのが、直進状態の時に真っすぐに走れるということです。

　バイクは常に蛇行しており、1本の糸の上を真っすぐに走ることはできません。


　外乱に乱されてしまわない姿勢を保つことです。

　ロック中も長く直進を保てる姿勢をとっていることです。

　ライダーは前輪ロック中の時間を稼ぐことができるのです。

　それが基本の乗車姿勢7つのポイントです。

　しっかりと座りニーグリップを締めて上体を腹筋背筋で保持し、ハンドルに寄りかからないようにして、肘を下に向け逆八の字の手を保つことです。

　ロックしてもコンマ何秒かは時間を稼ぐことができます。

　何より大事なのは、**操縦をあきらめてしまわないことです。
何とか操作をしてバイクを操りきるんだ**という肝を持つことが

重要です。

　初心者・自信の無い方は、自分がかけられるブレーキより、あと 10 cm 短く止まってみよう、とにかく乗車姿勢をきちんと取りながらブレーキをかけようと、無理しすぎず、少しだけ自分に負荷をかけて練習することです。

　いきなり難しいことに挑戦しても、失敗して怪我をするだけです。

　自分にあとどのくらいの負荷がかけられるのかを考えるのもよい練習です。

　初心者の皆さんは、基本の乗車姿勢を保つことさえできません。

　基本の乗車姿勢を保つことだけでもかなりの負荷になります。ここであきらめてしまうと我流に流れて上達の速度はとても低下してしまいます。

　基本の乗車姿勢をいつもとろうとすることで、他の操作を行うベースが身についてきます。

　いきなりぱっとうまくなることはできません。

　今できることプラス少しのアルファーを継続することです。


# ブレーキのかけ方（後輪ブレーキ）

　後輪ブレーキは前輪ブレーキを強くかけると荷重が減り大きな制動力は期待できないと話しましたが、後輪ブレーキのみをかけると前輪ブレーキ併用時よりもぐっと制動力は上がりま

す。

　後輪ブレーキは比較的安心してかけられるブレーキですが、前輪ブレーキのように高荷重をかけられないため滑り出しやすいブレーキです。

　直線では踏みごたえを感じてブレーキペダルを踏む力を調整し、滑り出しのポイントを探していきます。

　後輪ブレーキがロックした場合、直進状態であればブレーキを緩めることでさほど大きなバイクの姿勢変化はなくグリップを回復します。

　ただ、ブレーキがロックした際に車体が少しでも傾いていると、後輪タイヤはロックしたままバイクが傾斜している反対側に流れていきます。こうなった時は直進になるまでバイクを立て直してから後輪ブレーキを緩めなければなりません。

　バイクが進行方向に対して斜めに向いてしまった時に後輪ブレーキを緩めると、後輪は一瞬でグリップを回復してバイクは進行方向へ思い切り倒れます。よく言うハイサイドという現象です。


　また後輪ブレーキの練習として、アクセルを開いて後輪に駆動をかけたまま後輪ブレーキをかけて駆動力や速度を調整することや、半クラッチを使う程度の低速で、後輪ブレーキだけで速度調節をするなども練習になります。

　アクセル閉ののちアクセル開にする時、駆動力を後輪に与えてチェーンの遊びをなくしておきたい時、後輪のサスペンションの動きを制限したい時などに使える便利なブレーキなのです。

# バイクのコーナーリング

## バイクが曲がる要素

　まずバイクにはどんな曲がり方があるのかをおさらいしましょう。

　工学的な理由は『タイヤの科学とライディングの極意』を読んでください。

　バイクでコーナーリングする要素は極端に分けて２つあります。

　その一つは、バイクのタイヤを傾け、十円玉を転がした時のようにタイヤ自体がコーナーの内側へ入っていこうとする作用を大きく利用した曲がり方、キャンバースラストによるコーナーリングです。

　もう一つはタイヤと路面の摩擦力を利用したコーナーリングで、おおよそ進行方向を向いたタイヤと路面の摩擦力で曲がっていく曲がり方です。

　人の動きに例えると、小学校の校庭のトラックをカーブしていく際、内側に体を倒して曲がっていく要素がキャンバースラスト、外側の足で地面を内側に蹴って曲がっていくのが摩擦力を活かしたコーナーリングという感じです。

# 3 種のコーナーリングフォーム

リーンイン・リーンウィズ・リーンアウトとあります。レースでよく見るハングオフは後程お話しします。

リーンイン・リーンウィズ・リーンアウトは、上半身の位置が倒れ込んだバイクより倒れているか、同じか、倒れていないかで区別されます。

### ■ リーンウィズ

人馬一体が起源とされる人車一体となった体の中心線とバイクの中心線が1本の線上にある乗り方です。基本といわれるフォームですが、リーンウィズは一つしかありません。

リーンウィズ

■ リーンイン

　リーンインはバイクの中心線よりも上体が倒れ込んでいる姿勢です。

　上体を内側に入れるため、頭の位置はリーンウィズよりも低くなります。

　なるべくバイクを起こしたい、バイクを傾斜させたくない時にとる姿勢で、タイヤのグリップ力に頼った走行姿勢です。

　切り返しをする際に上体を大きく移動させなければならないので、細かい切り返しには向きません。

　現在のロードレースの写真によくある走行姿勢です。

リーンイン

■リーンアウト

　バイクよりも上体は立っているので、頭の位置は、リーンイン・リーンウィズよりも高くなります。

　滑りやすい路面や、バイクの最小回転半径よりも小さく曲がりたい、細かな左右への切り返しをする際に使われる走行姿勢です。

　バイク自体を倒し込むことで、タイヤが傾きタイヤ自体がコーナー内側へ曲がろうとするため、路面のグリップに頼れない時に有効です。

　モトクロスやトライアル、ハンドルを切ってバイクを倒し込んだ際のハンドル切れ角増加作用を使って小さく旋回したい

リーンアウト

時、左右へ切り返しが速く上体をリーンウィズやリーンインに保持することに大きな労力がある時、バイクに上体の重量を加えたくない時などに使います。

　頭の高さが直進時と変わらない位置にあるため、初心者の方達は安心感があると思います。

　股ぐらでバイクだけが左右に倒れ込むので、バイクの挙動に対する対応が速くでき、バイクだけを寝かし込むことでキャンバースラスト（車輪が曲がろうとする力）を稼ぐことができます。

　バイクのみが大きく倒れ込んでいるので大きな駆動力をかけると後輪が横滑りしやすく、大きくハンドルを切った際に大きな駆動をかけると、駆動力をかけた方向に前輪タイヤが滑り出しやすい姿勢となります。

# 走行姿勢のチェック

　自分の走っている姿をビデオに撮ってもらえればわかりやすいのですが、走行フォームを自分でチェックする方法を紹介します。

　大方のバイクのスピードメーターは、ハンドルの前、車体の中央付近に取り付けられています。

　直進時にはスピードメーターはライダーの体の真ん前にあり目線を下げれば確認できます。

　直進時にはスピードメーターが真ん前にあるのですが、コーナーリング中にチラッとスピードメーターの位置を確認します。

　左旋回中にスピードメーターが真ん前にあればリーンウィズ、スピードメーターが右にあればリーンイン、左にあればリーンアウトです。

　バイクに乗っているほとんどの方はリーンアウトで走行しています。

　なぜなら、リーンウィズやリーンインでコーナーを走行すると頭の位置が下がり、地面が近くなり、頭の下にはバイクも上体もないので恐怖心を抱くからです。

　リーンウィズでコーナーリングすると、こんなに景色が変わってしまうのかとほとんどの方が驚きます。

　なぜリーンアウトになってしまうのかというと、手の角度が

悪く小指を握っている、肘が外を向いており外側の腕を伸ばすことができない、切れ込もうとする内側のハンドルを押してしまうなどがあります。

体が傾くことを拒否している姿勢になります。

この姿勢は倒れ込むことへの恐怖心、胸が地面を向いていくことの不安、バイクを信じ切れない不安、ハンドルが切れ込んでしまうことへの怖さなどで通称リーン逃げと呼んでいます。

敵は自分の中にあるのです。

バイクを信じ、路面状況の確認を信じ、しっかりと基本の乗車姿勢を保ち、バイクに体を預けてコーナーリングしていくことが大切です。

## 各 走行姿勢の取り方

ハンドルを操作する動作は、ハンドルの切り方で説明したように、人の自然な体の動きであり特異な動きはありません。

まずハンドルを切る練習をしましょう。

メインスタンドのある車両が練習に適しています。

シートに座りハンドルに手を添えます。

左に切る想定で説明します。

まずハンドルを切る方向に首を動かし首だけが左を向く限界まで左を向きます。

これから進行していくのはハンドルを切った延長ですからもっと首を左に向けようとします。

首を左に向けるためには首から下の上体をひねらなければな

りません。少しずつ上体をひねっていきます。

　上体は左右にぶれることなく腰から肩にかけて大きく左に捻じれているはずです。

　右手はハンドルが邪魔です。

　親指と人差し指の付け根でハンドルを前方に押します。

　ここから更にハンドルを左に切るために右腕の肘を伸ばしてハンドルを前方に押し出します。

　左手はハンドルに押され肘は左脇に近づいてきます。脇腹に沿うように腕を曲げて肘を後ろに引きます（ここで内側に入ってくるハンドルを押してしまうと上体は立ったままのリーンアウトとなり、左のハンドルを押してしまうことで、更に車体が左に倒れ込むという悪循環になります）。

　ハンドルが左に切れました。

　ニーグリップを締めていないと上体の捻じれによってお尻が動いてしまいます。

　手は前方に向けて逆八の字のままです。

　手のひらに当たるグリップの位置が変化しています。「ハンドルの切り方」の「肘の動き」で説明したハンドルを握る手の中で遊ばせることが大切になります。

　今の姿勢がリーンウィズの姿勢です。

　ここから更に上体をひねりながら胸を地面に近づけていきましょう。

　腕は伸び切り、胸の正面前方は、前輪車軸からエンジンの左側、車体からそう離れていない地面の方向を向いているはずです。

この形がリーンインです。

次にサイドスタンドをかけて車体が左に傾いた状態で、同じ
動きをしてみましょう。

リーンウィズの姿勢でも頭の位置はかなり高さが下がってい
ます。

更にリーンインの姿勢をとるとサイドスタンドを立てた程度
の傾きでも頭はかなり地面に近づいています。

サイドスタンドをかけて停止しているので、ニーグリップを
それなりに締めていないと、体がバイクから落ちてしまいそう
ですが、走行中は、傾いた自分の上体の重さは、傾いたバイク
のシートにかかるので、ニーグリップをきつく締めていなくて
も落ちてしまうような感覚はありません。

ここで間違いやすいのが脇腹を左に出して上体を内側に入れ
る形です。

この形だと頭はインに入らずアウトの姿勢になってしまいま
す。

ドカッと座ったまま上体を捻じっていくことが重要です。

## ハンドルを切った後の処理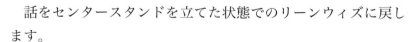

話をセンタースタンドを立てた状態でのリーンウィズに戻し
ます。

今ハンドルは左に切れています。

首を正面に向けハンドルを直進に戻しながら上体も正面に戻

していきます。

　基本の乗車姿勢に戻れたでしょうか。

　おそらく胸は前に出たままでハンドルが近くなっていると思います。

　ハンドルを戻す時には胸も引いてお尻の座りも元の乗車姿勢に戻ろうとすることがとても重要です。

# ハンドルを切る練習

　センタースタンドを立てたバイクに乗車し、ハンドルを左に切ります。

　直進に戻します。

　基本の乗車姿勢に戻っているか、胸は基本の位置にあるか、手は基本通りか等を確認します。

　ハンドルを直進に戻すと、ハンドルを切った時に腕の伸縮と上体の捻じれでは足りない分、胸が前に出ています。

　胸の位置は元に戻っているかをよく確認します。

　ハンドルを右に切ります。

　直進に戻します。

　同じ確認を行います。

　何回も何回も続けます。

　ハンドルを切った後、自然と基本の乗車姿勢に戻っているように練習します。

　傾斜走行競技で後輪を滑らせて転んでしまう癖の方が改善された事があります。

## コーナーリング時の　　ハンドルへの力の入力

　バイクはコーナーリングを始める時に体重移動でバイクを寝

かし込んでいくのでしょうか。

　ステップを踏んで倒し込むのでしょうか。

　40〜50kmの速度が出れば、直進走行中に両手を離して上体だけを内側に倒し込んでも、お尻をずらしても、ステップを踏んでもバイクはなかなか曲がってくれません。ゆっくりと時間をかけて少しずつバイクが傾いていく程度です。

　もちろん体重をずらしたり、ステップを踏んだりすることの合わせ技も重要ですが、機敏で大きな操縦性を有するのはハンドルです。

　バイクは見た目真っすぐに走るように作られており、バイクをライダーの意のままにコーナーリングさせるにはバイクの特性を理解したハンドルへの入力が必要です。

　入力の大きさは、通常走行時はせいぜい人差し指1本で押す引く程度の力で十分です。

　バイクは右に左に倒れてはハンドルが倒れた方向に切れて立ち直って見た目真っすぐに走っているという説明をしました。

　緩いカーブへの進入や進路変更程度では、直進している際の左右へのふらつきを、曲がる反対側だけ少し制御する感覚でハンドルに力を加えるとスーッと曲がり始めます。

　左に曲がりたければ右のハンドルを少し引く、または左のハンドルを少し押すことになります。

　速く倒し込みたい時は少し大きな力を加えると動きは速くなります。

　ハンドルに掴まっていなければ思った以上にぐらっとバイクは傾斜していくでしょう。

　バイクが傾いたら現在の傾斜角を保つ程度の入力を続ければ
バイクは継続して曲がっていきます。入力をやめるとバイクは
直進に戻ります。

　ここで問題になるのが、バイクだけが倒れライダーがバイク
についていけないことです。

　大きくハンドルに入力するとバイクは一気に倒れ込みます。

　ニーグリップをしっかりと締め、バイクに下半身を固定し上
体が遅れないようにしなければなりません。

　この操作は曲がりたい方向と逆の方向にハンドルを切ること
でバイクにかかる遠心力を利用して倒し込みのきっかけを作っ
ていく動作になります。

　話はそれますが、例えば高速道路を100kmで走っている時
にバイクの左ハンドルを手のひらで思い切り突いたらどうなる
でしょう。

　ハンドルを突いた瞬間、一瞬バイクはビクッと左に傾きます
が、すぐに直進状態に戻ります。

　しかし突いた手を継続して突き続けると一気に左に倒れ込ん
でいきます。

　という具合に、速度が上がればハンドルへ入力する力も大き
くなりますし入力の大きさ、時間でバイクの挙動も変わってき
ます。

　これらのハンドルを切るとバイクが傾くという現象はジャイ
ロ効果（入力した方向とは別の方向に力が加わる）の性質も働
いているので、『タイヤの科学とライディングの極意』で勉強
してください。

## 片手でハンドルを切る

　ある程度の技量を持った方は、片手でもヒラリヒラリとバイクを操ります。

　バイクが走り出したら左手をグリップに触らないよう浮かせて、右手だけで行きたい方向にハンドルを操作してみます。

　ハンドルがふわふわして軽いと感じる方とハンドルがぐらぐらしてしまう方がいると思います。

　何ででしょうか。

　いつもハンドルに掴まっているからです。

　左手がグリップを掴んでいないからハンドルは右手だけで自由に動き軽く感じます。

　右手だけになってハンドルが軽いと感じる方は、ハンドルに掴まる力はそれほど大きなほうではありません。

　右手だけになってもハンドルに掴まっている方はハンドルに加える力が大きすぎて、バイクが必要とするハンドルの動きを邪魔してしまい真っすぐに走ることもできず左右にぐらぐらとしてしまいます。

　ライダーがハンドルをぎゅっと握っていると腕や肘を柔らかく動かすことができず、バイクがハンドルを切って自立し安定しようとするのをライダーが邪魔をしてしまい、真っすぐに走ることもできませんし、コーナーリング中もバイクは蛇行しながら曲がっていくので安定してコーナーリングすることもできません。

　バイクは常にバイク自体が右左にハンドルを切りながら走っ

ているのでハンドルに加える力は最低限にし、コーナーリングをするバイクの傾斜角度に見合ったハンドル切れ角となるようにしなければいけません。

　低速での走行でもふらふらせずにひらりひらりとハンドルが切れるように練習します。

　ハンドルを握る外側の手が逆八の字になっていない人は、肘が外を向き腕を伸ばすことができず、腕の長さが足りなくなります。

　腕が足りなくなった分上体が前傾するので、しっかりと座ることができなくなりお尻の後方が浮きます。

　手はハンドルについて回転してしまい八の字の形となり、くるぶしは外側を向き腕は物を抱える時のように丸くなります。

　この状態で駆動を強くかけると、しっかり座っていないお尻からの荷重が後輪にかけられず後輪がスリップするという悪循環を生みます。

　とにかく基本の乗車姿勢をきちんととったうえで自分の個癖をなくしていくことが大切です。


　速度が上がってくるとコーナーリング中に前輪と後輪の軌跡が同じまたは後輪が外になることもありますが、この場合でも同じです。


## ハンドルへの入力

　速度が上がってくるとハンドルへの入力は大きくなります

が、街中で走行している時のハンドルへの入力は人差し指1本でハンドルを押す程度の力で十分です。

　また、バイクを傾斜させる時とコーナーリングを継続する時の入力は力の大きさが変わってきます。

　倒し込みの速さにもよりますが倒し込む時は比較的大きな入力、継続してバイクを倒し込んでいたい時は倒し込み時よりも小さな入力を継続して行うことになります。

　この指1本程度の入力を上半身全体で行っていくのですから、いかに余分な力を加えないかがミソになってきます。

　ハンドルの操作方法を覚える際に両手でがっちりとハンドルを握ってしまうと悪循環が始まってしまうのです。


　ハンドルに余計な力を入れずに走ることができるようになってきてから必要な時に必要な力で握っていくことを覚えましょう。


　バイクはカーブを走行する際、ハンドルに入力を続けないと、力を抜いた途端に直進を始めます。バイクはアクセルを開けてさえいれば見た目真っすぐに走っていくということを思い出してください。

　コーナーリング中に万歳をするとバイクは手を挙げた瞬間から真っすぐに走り出します。

　ライダーが余計な操作をしなければバイクは真っすぐに走ります。

　これはバイクが自ら転ばないようにしているわけで、バイク

が転倒する原因はほとんどライダーの誤操作によるものとなります。

　バイクが転倒しないようバイクの自立安定性を邪魔せずに自分の意思をバイクに伝えていくことはなかなか習得できない課題です。

　しかし、基本の乗車姿勢をきちんと取ろうとすることで徐々に体にしみ込み、バイクとの一体感がどんどん増えていくのです。

## 練 習方法

　走行中もハンドルを握る力を緩めることで感じ取ることができます。

　積極的な練習では、1速でトコトコと走れる程度の速度に保ち、片手で旋回したり切り返してみたりを行うと、ハンドルを自由にさせつつハンドルを切る練習になります。

　大切なのは下半身でしっかりとバイクを掴み、上体はゆったりとしていることです。

　例えば左にトコトコと曲がっている時に左手でハンドルを押してハンドル切れ角を減少させると、バイクはぐらっと左に傾きます。

　左手を手前に引きハンドル切れ角を増加させるとバイクは起き上がります。

　バイクが旋回中に内側に思い切り体重をかけるとバイク自身がハンドルを内側に切り転倒を予防します。

少し慣れてきたらトコトコと旋回する途中に平らな板などの障害物を置いてバイクに外乱を与えます。

バイクはライダーの予期せぬ挙動をしてライダーに恐怖心を与え、ライダーの乗車姿勢を崩そうとします。

そこでバイクの予期せぬ挙動にひるまずに基本の乗車姿勢を保ったまま旋回を続けられるようになるまで練習を続けます。

この時にニーグリップの大切さを体感できると思います。

これを難なく通過できるようになってくると、またまたバイクとの一体感が増加してきます。

## 低速で転倒する典型例

低速で転倒するよくあるパターンを紹介します。

右にUターンする際ライダーはハンドルを右に切っています。右に倒れてしまうという不安があります。

あなたがUターンをしようとしている時に思ったよりも少し倒れ込んできました。

ハンドルでバイクを支えようと足を出して転倒を防ぎます。

しかし、支えようとしたハンドルはハンドルに掴まるもしくはハンドルで支えようとすることで、右に切れたハンドルは直進方向に戻されて、バイクの旋回半径は大きくなります。

旋回半径が大きくなると遠心力が足りなくなり更にバイクは倒れ込んできます。

ここでバイクを倒してしまう方はいっぱいいます。

または、ハンドルで支えようと左手をクラッチレバーととも

にぎゅっと握りバイクは速度が低下し更に倒れ込んでいきます。

ここで転倒する方もいます。

止めたいとの一心でフロントブレーキを握ります。

バイクを止めようとした減速度は一気にバイクを右側に転倒させます。

さてここで反省します。

あなたが足を出したのは、本当にバイクを倒したくなかったからですか。

本当は、バイクが倒れても自分だけは転ばずに地面に立っていようとしたからではありませんか。

クラッチを握ってしまったのは、ハンドルに掴まっていたかったのではありませんか。

ブレーキをかけたのは、早く止まってしまいたいと思ったからではありませんか。


このような時に転倒させないためには、まず、バイクを操って何とかバイクを操縦して回復させようとする強い気持ちで、ハンドルを内側へ切る、少々加速するなどの操作を行うことです。

乗っている運転手があきらめないことです。

旋回中のバイクは同じスピードであれば、ハンドルを旋回方向に切り増すことで起き上がります。

速度を上げることで起き上がり、前輪は前方へ引っ張られるため直進しようとします。

バイクは止まるまで操り続けてやらなければならないのです。

＊　　　＊　　　＊

　ここまでバイクの操作方法について解説してきましたが、バイクに乗る時に何か特別なことをしなさいという話はありませんでした。

　要は基本の乗車姿勢をいかにきちんと守り、バイクに任せて、バイクの邪魔をしないように走れるかということになります。

　少し練習をした方は理解できたでしょうが、基本の乗車姿勢をいつでもきちんと守り続けることはとても難しいことなのです。

　冒頭に剣道の話をしましたが、基本をいかにきちんと守れるかによって、その人の習熟度が現れてしまうのです。

　はじめのうちはなかなかできるようになりません。

　しかしあきらめずにコツコツと練習を続けていってほしいのです。

　基本は変わることがありません。

　基本の乗車姿勢も変わることはありません。

　何せ、100年以上もかけて白バイの先人達が後輩達を守るために築き上げてきたものなのですから。

　その積み重ねが、今でいうビッグデータとして証明しています。

　あなたが基本の乗車姿勢をいつでもとれるようになった頃には、相当な腕前になっているはずです。

# ロードレースの世界も基本に舞い戻っている

　昭和の中期ころまでバイクのロードレースでのコーナーリング時の走行姿勢は、ほとんどのレーサーはリーンウィズで走っていました。

　昭和の後期になると「ハングオフ」というお尻を内側にずらしハンドルにぶら下がるような乗り方がはやり、日本人は「ハングオン」というおかしな英語で真似をしていました。

　エディ・ローソンはダートトラックレースからロードレースに転向して勝ち進んだレーサーで、カワサキのZ1000Rでスーパーバイクチャンピオンになった頃はお尻を内側にずらし、大きく内側の足を開いたハングオフでコーナーを攻めていました。

　頭の位置はバイクの中心より外側のリーンアウトの姿勢で、滑りやすいダートトラックから習得した姿勢のようでした。

　その後、ヤマハ、ホンダと乗り継ぐうちに頭の位置は、バイクの中心線上に変化していったのです。

　ヤマハで走っていたころにはリーンウィズの姿勢をとっています。

　そして現在のレーサー達は、コーナーリング中に外側の腕をいっぱいに伸ばし、頭を内側に大きく入れて低くしたリーンインの姿勢となっています。

　タイヤ、バイクが進化した要因もあるでしょうが、乗り手も

進化してきたと思わせる走行姿勢の変貌ぶりです。

　進化とともに、基本の乗車姿勢に戻ってきたのだなと思わせます。

　そして現在のレース中のコーナーリングシーンでは皆リーンインで走行しているのですから。

　ライダーがバイクを少しでも起こしておきたいと思いながら走っている心が見て取れます。

# なんで白バイはかっこいいんだろう

　ここまで、バイクの乗車姿勢について基本的なことを書いてきましたが、なぜ白バイはあんなにも華麗にかっこよく、凛として見えるのでしょうか。

　白バイの訓練ではバイクの運転が上手になることと同時に、一人前の社会人、組織人として成長すること、警察官として悪い奴らを逃がさず数多く捕まえてやるぞということをバイクの訓練を通じて鍛えられていくのです。

　白バイに憧れて訓練を受け始めて、数えきれないほど転んで路面にたたきつけられて時には挫折しても、同じく希望を達成するために集まった仲間達が頑張っている姿を見て自分を奮起させ、仲間と励まし合い、このチームが揃って目標を達成しなければならない、と感じ、自分の壁を乗り越えるために、仲間と共に、こらえて我慢して、一般のライダーでは経験できないほど多くのかっこ悪い体験を積んでいくのです。

　白バイの訓練により、**心・技・体**を充実させていくのです。

　それが街に出た時に子供達に憧れられるような姿に成長させるのです。


　もしかしたら、武道の精神を知っている警察官たる白バイ乗務員だからこその姿なのかもしれません。

　いきなり白バイ隊員のように見せようと格好をつけてみても事故を起こすだけです。

　格好をつけると必ず失敗します。

　いいところを見せようとすると必ず失敗します。

　バイクの上達に近道はありません。

　一番の近道は、いつもいつも基本に忠実になれるよう自分を評価し、こらえて我慢して基本をしっかりと身につけることです。

　この本の読者の皆さんが、地道な練習をコツコツ、コツコツと重ねて、いつも基本に戻り、そしていつか凛とした姿で走れるようになれることを願っています。

# 指導者の皆さんへのお願い

以下のお願いがあります。

- ○「自分が話した内容で相手の人生が変わってしまうかもしれない」という責任感を持ってください。
- ○ とにかく自分が練習してください。
- ○ バイクの運転技術はバイクの運転を、より安全に楽しくするものであり、人生を豊かにするという思いを伝えてください。
- ○ 相手の心の内を読み取ろうとしてください。
- ○ バイクの構造、ある程度の科学を勉強してください。
- ○ 教える相手が、「この話をきちんと聞いて自分に取り入れよう」と思わせる説明をしてください。
- ○ 説明した内容が教わる立場の人にとって「『そのようにした方が自分にとって得だな。自分のものにしたいな』と、自分から進んで教わった内容を実践しようとするよう、それが相手の向上を早める要素であるということ」を常に忘れずにいてください。
- ○ 相手のスキル、弱点、弱点の原因を特定する観察眼を養ってください。
- ○ 相手の現在のスキルに応じて、段階を踏んで課題を与えてください。

　その課題は、少し練習すれば達成できる程度の課題とすること。克服した時にはわがことのように喜んでください。

○課題を乗り越える楽しさを掴んでもらうことに重点をおいてください。

○本で読んだ、人に聞いたなど、受け売りをしないこと。自分で走って確かめてから口に出してください（この本の内容も同様です）。

○説明しても相手が納得して取り組もうという気持ちにならなければ、話した内容はただの雑音であると思ってください

○相手が理解できるよう噛み砕いて伝えてください。

○教える相手ができないからといって感情的になり、自分の感情で怒らないでください（怒ったふりをすることとは違います）。

○専門用語を使う時は必ず用語の意味を説明してください。

○相手の技術的な伸びがみられない時には、自分の指導力不足であることを自覚してください。決して教えている相手のセンスがないなど、教わる人のせいにしてはいけません。

○相手の心の内を読み取って心を動かす言動をすること、また心に響く練習をさせてください。

○相手に壁を乗り越える楽しさや、達成感を与えられる指導をしてください。

○可能であれば、教わる人の運転適性検査結果を把握してください。

指導者の皆さん！

　まず、自分に厳しく自分に練習をさせましょう！

　今ある程度乗れても更に上があり、またその上にも上があります。

　自分に力が付けば付くほど、見えるものが変わっていきます。

　指導者は、謙虚に精進しなければなりません。

「実るほど頭を垂れる稲穂かな」です。

　ちゃらんぽらんな人はちゃらんぽらんな走りしかできません。

　性格は走りや姿に出てしまいます。


　これまでの話は、私が訓練に携わった経験から、先輩達が教えてくれたことを自分なりの言葉にし、思ったこと覚えたことを自分なりの表現で書いたに過ぎません。

　警視庁白バイ訓練所とは全く関係がないことをお断りしておきます。

## おわりに

　本書を書こうと考えた時、頭に浮かんだのは、諸先輩方の顔でした。

　指導者になってから当時先輩達は自分に何を覚えてもらいたかったのかをずっと考えてきました。この本を書くと決めたきっかけは、警視庁創設150年にあたり、警視庁の白バイ乗りが築きあげた「基本の乗車姿勢」をしっかりと後世に残さなければならないと考えたからです。指導いただいた先輩方、大変ありがとうございました。

　本書を発行するに当たり、木下薫氏、園田秀一氏、末吉修久氏、田中育代氏、上條秀夫氏、たくさんの方々のご協力に感謝いたします。

竹原　　伸

竹原　伸 (たけはら　しん)

1962年生まれ
20歳　相模工業大学を中退して警視庁警察官を拝命
21歳　雷門交番勤務
23歳　当時の第三交通機動隊へ異動
25歳　第19回全国白バイ安全運転競技大会に警視庁代表選手として出場。傾
　　　斜走行の部第一位
27歳　第九方面交通機動隊から警視庁白バイ訓練所へ派遣
30歳　警視庁白バイ訓練所指導員として異動
34歳　ハチ公前交番勤務
35歳　警視庁白バイ訓練所助教として異動
48歳　警視庁白バイ訓練所教官として異動
60歳　退職
白バイ訓練所での訓練指導は通算約11年。
白バイ訓練所の勤務内容は、交通機動隊、警察署乗務員、これから乗務員に
なろうとする者、地域警察用自動二輪車、東京消防庁赤バイ部隊発足時の訓
練、など。
白バイ乗務員用冬服（日本初の黒革製革ジャンから現在の青布製制服へ移
行）の発案研究、東日本大震災後災害用白バイを試作し配備となりました。

## ライダーのための基本の乗車姿勢 ７つのポイント

2024年7月11日　初版第1刷発行

著　　者　竹原　　伸
発 行 者　中 田 典 昭
発 行 所　東京図書出版
発行発売　株式会社 リフレ出版
　　　　　〒112-0001　東京都文京区白山 5-4-1-2F
　　　　　電話 (03)6772-7906　FAX 0120-41-8080
印　　刷　株式会社 ブレイン

© Shin Takehara
ISBN978-4-86641-748-6 C0095
Printed in Japan 2024

落丁・乱丁はお取替えいたします。
ご意見、ご感想をお寄せ下さい。